四大发明
的故事

沈 伟/著

王 冰 严晓晓 孟祥霞/绘

北方联合出版传媒（集团）股份有限公司

万卷出版公司

图书在版编目（CIP）数据

四大发明的故事 / 沈伟著；王冰，严晓晓，孟祥霞绘 . —沈阳：万卷出版公司，2022.1

　　ISBN 978-7-5470-5679-0

　　Ⅰ . ①四… Ⅱ . ①沈… ②王… ③严… ④孟… Ⅲ . ①创造发明—中国—古代—青少年读物 Ⅳ . ① N092-49

中国版本图书馆 CIP 数据核字（2021）第142644号

出 品 人：王维良
出版发行：北方联合出版传媒（集团）股份有限公司
　　　　　万卷出版公司
　　　　　（地址：沈阳市和平区十一纬路25号　邮编：110003）
印 刷 者：北京文昌阁彩色印刷有限责任公司
经 销 者：全国新华书店
幅面尺寸：170mm×240mm
字　　数：100千字
印　　张：8.75
出版时间：2022年1月第1版
印刷时间：2022年1月第1次印刷
责任编辑：王　越
责任校对：张兰华
装帧设计：格林文化
ISBN 978-7-5470-5679-0
定　　价：36.00 元
联系电话：024-23284090
传　　真：024-23284448

目 录

火 药

小黑求职记

华华最近对一种黑色的粉末非常感兴趣。

　　周六一大早，华华就拉着爸爸开始研究这种黑色的
粉末，他还给它起了个名字，叫"小黑"。爸爸饶有兴
趣地给华华讲起了"小黑"的前世和今生。

最早的"小黑"：
脾气火暴的"灵丹妙药"

爸爸说："这个'小黑'，换过很多工作。它刚来到这个世界的时候，本来是一种'药'，人们觉得它可以治病救人，甚至能让人长生不老。"

春秋至秦汉时期，很多人追求长生不老，特别是王公贵族，对此非常痴迷，炼丹术也就由此开始盛行。炼丹师把很多奇奇怪怪的材料按各种比例混合、加热，炼成丹药，认为人吃了后就可以强身健体，甚至长生不老。

硫黄和硝石是炼丹时常用到的两种材料。炼丹师在炼丹的过程中偶然发现：一定比例的硫黄、硝石跟木炭混合在一起可以发生爆炸。于是，"小黑"诞生了。

硝石

木炭

硫黄

　　一本唐朝人郑思远所著的炼丹书《真元妙道要略》也谈及用硫黄、硝石、雄黄和蜜一起炼丹失火的事件——火把人的脸和手烧坏了，还直冲屋顶，把房子也烧了。

　　当时的炼丹师已经掌握了一条重要的经验：硝、硫、碳三种成分可以构成极易燃烧的药，被称为"着火的药"，也就是后来的火药。

唐代医学家孙思邈总结前人的经验，编著了《千金要方》等许多医学著作。他在搜集古代药方的同时，也顺便搜集了火药的配方。"药王"孙思邈虽然不是火药的发明者，但可以说是火药的传播者。

千金要方

华华问道:"这么说来,正因为'小黑'一开始是一种'药',所以它的名字直到现在还有一个'药'字,火——药——,对吗?"

爸爸伸出大拇指说:"非常正确。不过,吃了这种药不仅不能治病或者长生不老,甚至还有生命危险,谁还敢吃?于是,'小黑'不得不开始寻找新的工作了。"

华华这下明白了,挠了挠头:"原来,火药最早就是一种'脾气火暴的灵丹妙药'啊!"

第二份工作：魔术师助理

离开了炼丹师的家，"小黑"有些伤心，直到它遇到了一个魔术师。

在"小黑"的帮助下，魔术师的表演有了烟雾、火花，变得更加酷炫和惊险了，让观众觉得就像到了奇幻的仙境。

宋代演出的许多杂技都运用到了刚刚兴起的火药制品，用以营造神秘的气氛。

就这样，"小黑"没有成为炼丹师手里的灵丹妙药，而成了魔术师的助手。虽然不能救人，但是能让看表演的人开心快乐，"小黑"还是非常喜欢这份工作的。

第三份工作:军中奇兵

　　偶然的机会,"小黑"被带到了一个兵营。一位观看了街头魔术的军官觉得,既然"小黑"可以在表演中喷火、爆燃,那么打起仗来一定也会有巨大的威力。经过实验,他用"小黑"做出了厉害的武器。就这样,"小黑"参了军,并很快成了一个奇兵。

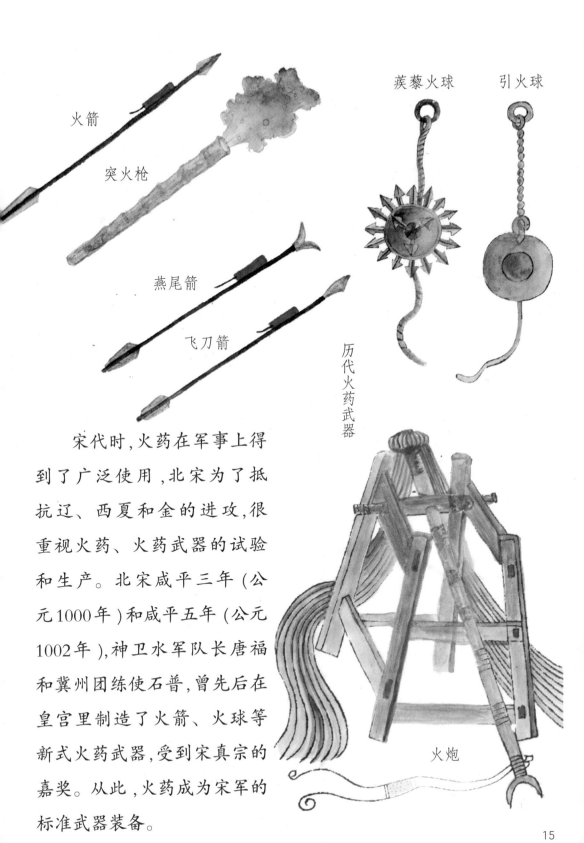

火箭

突火枪

蒺藜火球　　引火球

燕尾箭

飞刀箭

历代火药武器

火炮

宋代时,火药在军事上得到了广泛使用,北宋为了抵抗辽、西夏和金的进攻,很重视火药、火药武器的试验和生产。北宋咸平三年(公元1000年)和咸平五年(公元1002年),神卫水军队长唐福和冀州团练使石普,曾先后在皇宫里制造了火箭、火球等新式火药武器,受到宋真宗的嘉奖。从此,火药成为宋军的标准武器装备。

　　早期火药的爆炸性能不佳，主要是用来纵火——围城者将箭头绑了火药包的"火箭"发射出去，进攻城门。

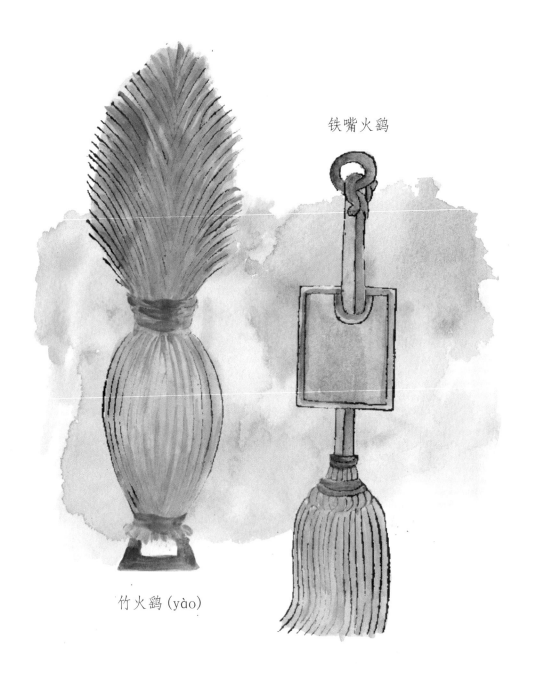

铁嘴火鹞

竹火鹞 (yào)

　　这种火药只能作为燃烧剂，不会产生爆炸效果，和现代枪炮中使用的爆炸性火药相差甚远。

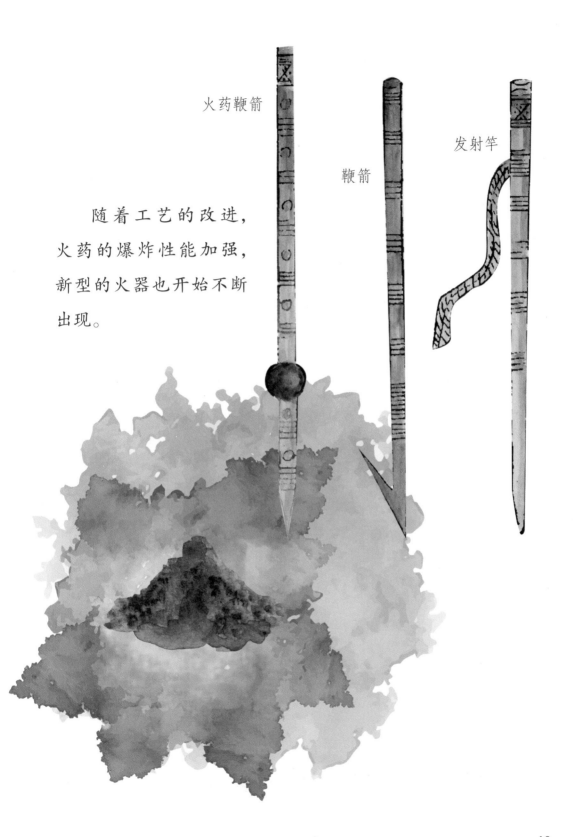

火药鞭箭

鞭箭

发射竿

随着工艺的改进，火药的爆炸性能加强，新型的火器也开始不断出现。

北宋皇帝下令编写的《武经总要》里面记录了火药的配方及多种火药武器，并配有插图，这是世界上关于热兵器制作工艺流程的最早记载。

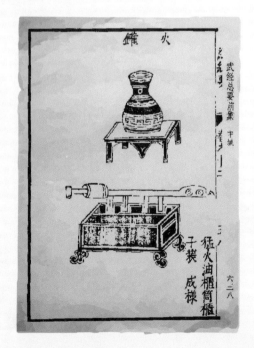

古代的火器可以说是洋洋大观。现在，我们就和华华一起看看各款火药武器的大比拼吧！

铁火炮

又称震天雷，是宋元时期军队中使用的爆炸火器。它的外壳通常由生铁铸成，里面装着火药，并留有安放引线的小孔。点燃引线，火烧到铁壳内，火药就会把铁壳爆碎，以此来击杀敌军。铁火炮威力巨大，广泛应用于攻城战、水战和野战。

地雷、水雷和爆炸性炮弹等火器都是以铁火炮为基础研制而成的。

合碗式铁火炮

罐式铁火炮

葫芦式铁火炮

球式铁火炮

火球

又称火药弹，出现于宋代初期。它主要用来放火或放烟。制作火球时，先将含硝量低、燃烧性能好的黑火药团成球状，然后用纸、麻或薄瓷片包裹起来，再在表面涂满油脂，用来防潮和助燃。有时，人们还会在火药里掺入有毒或能够产生浓烟的材料。使用时，把火球引燃，抛向敌军，用火球发出的火焰或毒烟杀伤敌人。

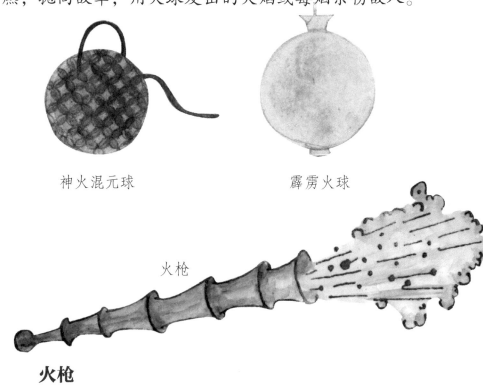

神火混元球　　　　　　　　　霹雳火球

火枪

火枪

最初的时候叫突火枪，出现在南宋中晚期，以粗竹筒为枪身，内部装有火药与子窠（类似于子弹）。点燃引线后，火药喷发的力量把"子窠"射出，可以说是步枪和子弹的雏形。到了元代，火枪用的竹管换成了生铁管，火药配比也进行了调整，弹丸的威力大大增加，火枪的威力、射程、耐久度大大提高。

猛火油柜

猛火油柜是一种能够连续喷火的火焰喷射器，发明于宋代。"猛火油"就是石油的原油。据《武经总要》记载，猛火油柜用猛火油作为燃料，通过火药的引燃和机械的加压，就能够喷出"火龙"，用以烧伤敌军、烧毁敌军的装备。

火铳

　　火铳是对元朝及明朝前期铜制或铁制管状射击火器的总称。火铳包括前膛、药室和尾銎(qióng)三个部分。使用时，先点燃通向药室的引线，引燃药室的火药，借助火药的爆炸力将预先装在前膛内的弹丸射出，以杀伤敌军。

明初铜火铳

战铳

鸟铳

　　鸟铳是明清时期对火绳枪的称呼，明朝时由欧洲传入中国。与之前的火铳相比，它增设了准星和照门，更利于瞄准。在点火方式上，它用火绳作为火源，扣动扳机点火，不但火源不易熄灭，而且提高了发射速度。它的基本结构和外形已接近近代步枪，是近代步枪的雏形。

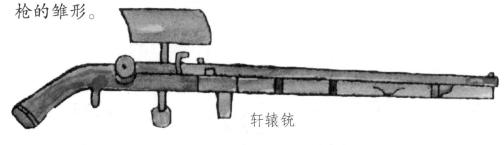

轩辕铳

鸟嘴铳

"小黑"走向世界

火药武器是怎么传到外国的呢？其实是通过战争。

宋朝的火器虽然厉害，不过宋人被金人打败了，金人学会了制造和使用宋人的火器。蒙古军队又打败了大金军队，也很快掌握了火药武器。

后来，成吉思汗西征，蒙古军队使用了火药武器。作战中，阿拉伯人缴获了火箭、毒火罐、火炮、震天雷等火药武器，进而学会了火药武器的制造和使用。

　　阿拉伯人在与欧洲国家的战争中使用了火药武器，欧洲人也在与阿拉伯国家的战争中，逐渐掌握了制造火药和火药武器的技术。

　　从此，火药和火药武器传入欧洲，走向世界，也彻底改变了战争的面貌，甚至改变了人类社会。可以说，中国的火药推进了世界历史的进程。

第四份工作：梦想家的帮手

"小黑"在参军的同时，还成了梦想家的帮手。

明朝洪武年间，有个人叫陶成道，曾被朱元璋封为"万户"。他梦想利用火药将人送上蓝天，去亲眼看看高空的景象。一切准备就绪，陶成道命令弟子点燃"火箭"。随着一声巨响，陶成道随着"火箭"升上了天空，众人开始欢呼起来。突然，"飞行器"燃起了熊熊大火。陶成道满身是火，从天空坠落下来，手里还紧紧地拽着两个风筝。

但是，陶成道为科学献身的精神，得到了全世界的认可。美国一位飞行器公司的创建者称，陶成道是人类历史上第一位进行载人火箭飞行尝试的先驱。

　　为了纪念陶成道，国际天文学联合会将月球上的一座环形山命名为"万户"。

现在的"小黑"：灿烂的使者

夜幕降临，喧嚣的都市又归于平静。突然，远处传来噼里啪啦的爆裂声，空中升腾起焰火组成的串串"脚印"，由远及近，由小变大——对！2008年北京奥运会的开幕式上，那一串串"脚印"似乎在告诉人们"小黑"一路走来的历程。如今它告别了战场，再次成为喜悦的使者和梦想的助手。

　　人类已经告别了用"小黑"打仗的时代，**"小黑"的爆炸声，更多是在帮助人们表达喜悦，庆祝收获。**

　　华华突然想："小黑"对这份工作，应该会非常喜欢的，直到永远……

　　提示：火药易燃易爆，属危险品，故此处不设计实验环节，且不建议小读者和家长自行研究、探索火药。

印刷术

纸墨魔法

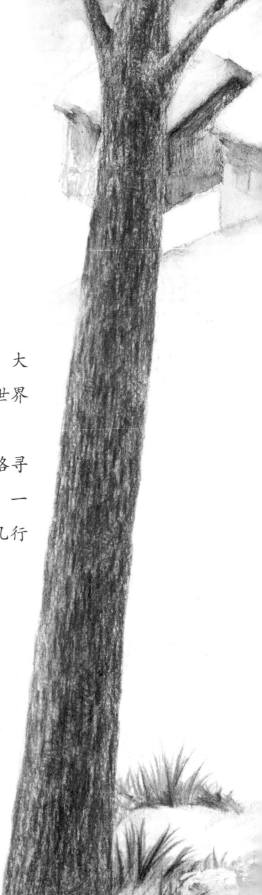

　　一场瑞雪之后，屋顶、大树、草坪都成了白色，整个世界就像一张巨大无比的白纸。

　　肚子咕咕叫的麻雀，一路寻找食物。它走过来，折过去，一圈又一圈，留下的脚印就像几行刚刚写好的字。

寂寞的黄狗正想找个玩雪的伙伴，它飞奔过去追逐麻雀，身后一串"梅花"点点落地。

于是，这张雪白的纸印上了"字"和"花"，成为一幅美丽的画作。

或许，你得过或大或小的奖状吧，上面一定会有你们学校的印章。古代皇帝的印，叫作"玺"。书法家写完字要落款，也会盖上自己的印章。就连很多幼儿园的孩子到园签到时，也用自己的小图章呢。可以说，**中国是印章的国度**。

书法家的印章

小朋友的图章

皇帝的玉玺

学校的印章

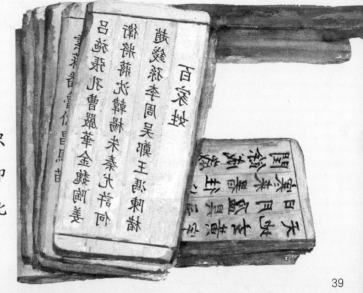

有的印章也许只
刻有一个字；有的印
章可以雕一幅画，比
如年画。

还有些印章能够刻出一篇完整的文章，比如古代书籍的印版。

　　有一天，小夏在练字，发现宣纸下面压着一枚硬币。他取来铅笔，将笔尖倾斜，隔着宣纸在硬币上来回地涂抹。有趣的事情发生了，纸上竟然显现出硬币的图案。

　　爸爸是个文物工作者，于是当天下午就带上小夏去拓碑了。

　　拓碑就是把宣纸覆盖在刷了水的石碑上，轻轻拍打，擀去气泡，然后用拓包蘸墨，在纸上均匀地捶打上墨。捶啊捶啊，纸渐渐变黑了，没有变黑的地方就会出现一个个漂亮的文字，和石碑上的一模一样。

41

关山月　李白

明月出天山，苍茫云海间。
长风几万里，吹度玉门关。
汉下白登道，胡窥青海湾。
由来征战地，不见有人还。
戍客望边色，思归多苦颜。
高楼当此夜，叹息未应闲。

爸爸骄傲地说："看，这就叫'拓'，是咱们中国印刷术的源头。"

看着爸爸得意的样子，小夏不服气地说："我早就会了。"说着，拿出了那张印有硬币图案的宣纸。

爸爸说得对，拓是印刷的源头。很多古代文字是刻在石头上的，拓可以把文字从石头上印到纸上。

小夏说得也没错，他无意中也完成了一次"印刷"。

我们把印章平放在桌面上，将没有字的一面朝下，将有字的一面朝上。接下来，在印章上有字的一面刷墨，再蒙上纸，然后均匀地压一压，结果会怎么样？

印章上面的图案、文字会显现在纸上，这可以说是一次"印刷"。

　　唐朝初年，人们从印章、拓印和刻石中得到启发，发明了雕版印刷术。能工巧匠把需要印刷的内容刻在木板上，然后就可以印书了。现代从事编辑、制作图书的地方叫"出版社"，这里的"版"，最早说的就是雕刻了文字或者图画的木板。

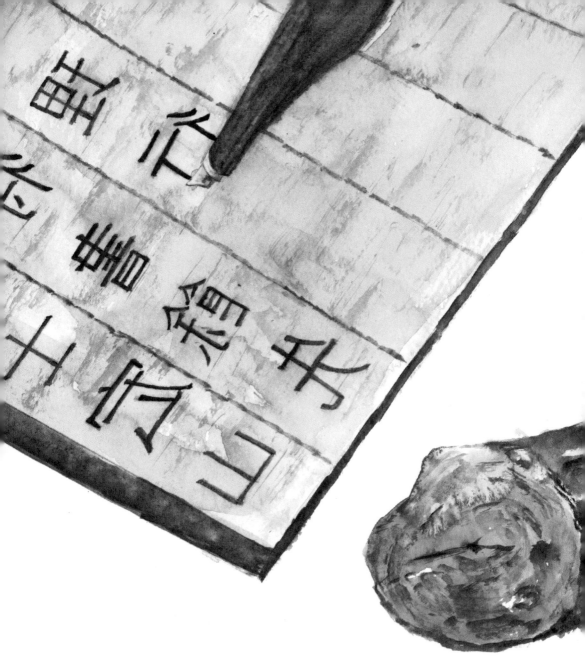

　　但不是什么木材都适合雕版，雕版需要纹质细密且坚实的木材，如枣木、梨木。

　　另外，雕版上的字都是反的，这样印出来的字才是正的。

人们把要印的字写在薄纸上，反着贴在木板上，再根据每个字的笔画，用刀一笔一笔地刻成"阳文"（文字凸起为"阳文"）。

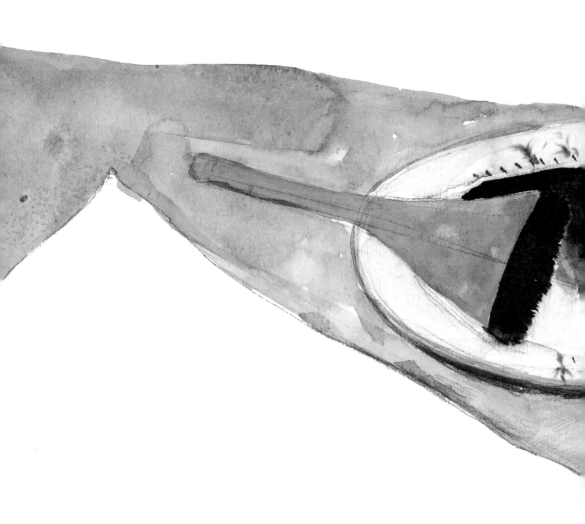

木板雕好以后，就可以印书了——用一把刷子蘸上墨，在雕好的木板上一刷，再用白纸盖在木板上……

另外拿一把干净的刷子在纸背上轻轻地刷一下，把纸拿下来，一页就印好了。这种印刷方法，是先在一块木板上雕好字再印制，所以大家称它为**雕版印刷**。

　　1900年，在**敦煌的莫高窟**，王道士在清理洞窟时无意中发现了一个密闭的暗室，打开一看，里面堆满了经卷，其中一卷刻印的是《**金刚经**》，它是世界上现存最早的标有确切年代日期的雕版印刷品。

第二天，小夏和爸爸又展开了一次比赛。爸爸是篆刻高手，他在一块石板上刻了一首诗：

咏 雪

一片两片三四片，五六七八九十片。

千片万片无数片，飞入梅花都不见。

　　小夏刚学会在橡皮上刻字。他买了一大盒
橡皮，将这首诗里的字一个一个地刻了出来。

眼看比赛要打成平手，不过，一切还没有结束。小夏忽然想到了一个主意，他的橡皮印章可是"活"的啊，还能重新排队。

于是，在他的指挥下，小橡皮重新列队：

一二三四五
六七八九十

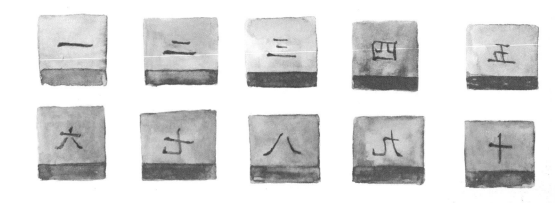

还能继续变换队形：

万片雪 一片梅

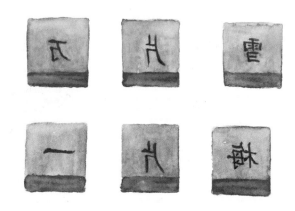

继续变阵：

一二三四千万片　梅花入雪都不见

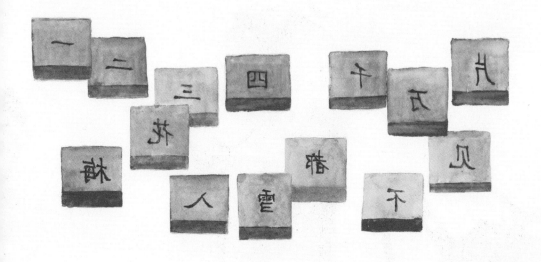

太棒了！小夏的橡皮"活字"完胜！

在一千多年前的北宋，有个发明家叫**毕昇**，他早就想到了小夏的办法。他发明了**活字印刷术**，把印刷技术提高了一大截。

毕昇用胶泥做成很多小方块，一面刻上单字，再用火烧硬，这就是一个一个的活字。印书的时候，先准备好一块铁板，上面放上松香、蜡和纸灰混合而成的药剂，在铁板四周围上一个铁框，在铁框内密密地排满活字，满一铁框即为一版。用火在铁板底下烤，使松香和蜡等熔化，再用一块平板在排好的活字上面压一压，把字压平，等松香和蜡冷却凝固后，一块活字版就排好了。在字上涂墨，就可以印刷了。

　　为了提高效率，毕昇准备了两块铁板，两个人同时工作，一块铁板印刷，另一块铁板排字。等第一块铁板印完，第二块铁板已经准备好了。两块铁板互相交替使用，印刷速度很快。

如果碰到没有准备的生字，就临时雕刻。印过以后，把铁板再放在火上烧热，使松香和蜡等熔化，将活字拆下来，下一次还能使用。

　　这就是最早发明的活字印刷术，是印刷术的一次巨大进步。

　　印刷术为知识的广泛传播、交流创造了条件，是非常了不起的成就，是人类文明史上光辉的篇章，也是我们中国人的骄傲！

小实验　大发明

实验材料： 薄而透明的纸、橡皮、笔、小刀、颜料或印泥、普通白纸

实验步骤：

1.在薄而透明的纸上写上"四""大""发""明"四个字，然后把纸翻过来，分别把四个字蒙在四块橡皮上，并按照反字的笔画，把四个字描在橡皮上。

2.用小刀小心地把这四个字刻成四枚橡皮印章。要在家长的指导下使用小刀，避免受伤。

3.四枚橡皮印章都刻好之后，将有字的一面朝上排列好，涂上颜料（或将刻好的印章蘸上印泥）。

4.把普通白纸敷在刻好字的橡皮上，轻轻按压后拿开，就可以看到四个字印在了纸上。

5.四枚橡皮活字印章变换队形，就能呈现出不同的汉字组合。

……

造纸术

跟着故事去旅行

暑假里，爸爸带着文文开始了一次特别的旅行，旅行是沿着"文字和故事的家"这一迁徙路线展开的。

　　故事也会搬家吗？在这次旅行里，文文又会有怎样的收获呢？我们跟随他一探究竟吧！

第一站 宁夏贺兰山

　　文文和爸爸先来到了凉爽的大西北——美丽的贺兰山，这里有著名的贺兰山岩画。这些岩画生动地记录了人类当时打猎、放牧、战争、舞蹈、劳动等场景，是我国宝贵的文化遗产。

看到这些神奇的岩画，爸爸不禁赞叹起来："远古人类在这里通过岩画来讲故事，可以说，这里是故事的发源地！"

不过，文文觉得有点儿可惜，感慨道："这么好的故事写在岩石上，很多人肯定都看不到，真是遗憾。"

　　"你说得对，故事要传播得远，就必须写在一个合适的载体上。既然岩石不是好的书写载体，那我们就继续寻找吧！"爸爸说完，就带着文文向下一站出发了。

第二站 安阳殷墟

　　文文和爸爸来到了
位于河南北部的安阳，
这里有大名鼎鼎的殷墟
和甲骨文。

文文知道，甲骨文就是刻在龟甲或兽骨上的文字。

这里除了甲骨文，还有一件国宝——后母戊鼎。

1939年3月，后母戊鼎在河南安阳出土，是商周时期青铜文化的代表作，现藏于中国国家博物馆。它是迄今出土的世界上最大、最重的青铜礼器，享有"镇国之宝"的美誉。

后母戊鼎　商朝

后母戊鼎铭文拓片

铸在铜器上的文字被称为**"金文"**。不过，遗憾的是，商朝青铜器上的文字很少，刚开始的时候只有几个字，到商朝晚期的时候才有文章出现，不过也都是短文，仅有几十个字。

妇好青铜三联甗(yǎn)　商朝

妇好青铜三联甗铭文拓片

要找到有更多字的青铜器，就需要到下一站了。

第三站 洛阳、西安

西周时期，人们铸造了更多的青铜器，金文也就随之兴盛起来，开始出现一些比较长的文字段落，主要记载国家的重要活动，例如**战争、分封、祭祀**等。

到了东周时期，青铜器的铸造技术更加先进了，长篇的金文也更加多见。

毛公鼎 西周

毛公鼎铭文拓片

史墙盘 西周

史墙盘铭文拓片

第四站 河南商丘

看完了写在青铜器上的故事，文文和爸爸继续旅行。他们来到了河南商丘。

这里曾经出过一位非常有学问的人，名叫惠施，他是战国中期宋国人，"其书五车"，他写的文章有五辆马车之多，后来人们常用"学富五车"这个成语来形容一个人读过很多书，学识渊博。

这个时期的书籍有的是用竹片做的，叫作"简"，有的是用木片做的，叫作"牍"，合称"简牍"。这种竹片、木片约有一二尺长，少则可写八九字，多则可写三四十个字。一篇文章写成之后，用绳子把写好的竹片、木片穿起来，就成为一"册"，或叫作"策"。在纸发明以前，简牍是我国书籍的主要形式。

现在我们把一本书叫作一册书，就是由此而来。你看，"册"字多像几根竹片或木片用绳子穿起来的样子。

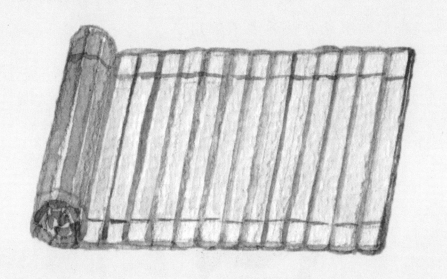

甲骨文"册"

小篆"册"

楷体"册"

简牍比起甲骨和青铜器轻便多了，材料也更容易获得，可以说是书籍史的一大进步。但是，它读起来、携带起来仍然很不方便，写一本书往往要耗费成百上千根竹简，非常笨重。假如今天的教材也写在竹简上，那么我们的书包可就远远不够用了。

事实的确如此。据说，秦始皇每天批阅的竹简文书就重达**上百斤**。

西汉时，有一位叫东方朔的大文学家。有一次他用竹简给汉武帝写了一封信，一下子就用掉了**3000多根竹简**，而这封信也需要好几个壮小伙才能抬得动。

第五站 回到西安和洛阳

连皇帝和大臣看书写字都这么麻烦，看来竹简真的是太笨重了。所以，大家都在寻找更加轻便的东西，给文字找一个新家。

对了，写在布上。

在帛上写字很方便，不过帛真的是太贵了，不用说普通老百姓，就连皇家和贵族也把帛当作珍贵的东西，不可能用来大量写字。

不过，纸的发明还真和布有一些关系。造纸的灵感，很可能就来源于养蚕织丝的过程。

东汉元兴元年（公元105年），汉和帝亡故，即位的汉殇帝年龄尚小，邓太后临朝听政，处理国家大事，一天光阅读的奏章就有整整一车竹简。当时，主管宫廷手工作坊的宦官蔡伦决心去探索一种既轻便、成本又低的书写材料来代替竹简。

蔡伦首先使用树皮造纸，树皮是比麻类来源丰富得多的原料，这可以使纸的产量大大提高。但是，树皮中所含的木素、果胶、蛋白质远比麻类高，脱胶、制浆要比麻类难度大。这促使蔡伦下决心改进造纸的技术。

元兴元年（公元105年），蔡伦用树皮、麻头及破布、渔网等原材料，经过挫、捣、抄、烘等工艺，制造出一种新型的纸，这便是现代纸的渊源。

树皮

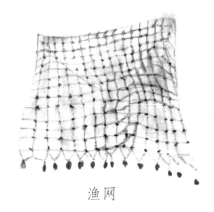

渔网

麻

布

　　这种纸又薄又轻巧，原料容易找到，可以大量生产。随后，蔡伦把他制造出来的一批优质纸张献给邓太后。朝廷对他改进的纸非常肯定，马上通令全国推广使用。这样，新的造纸术很快传遍各地。从此，纸张逐渐取代了竹简、木牍和丝帛，并一直沿用了下来。**为纪念蔡伦的功绩，后人把这种纸叫作"蔡侯纸"。**

此后，造纸术也逐渐形成了一套较为完备的工艺流程，过程大致分为四个步骤：

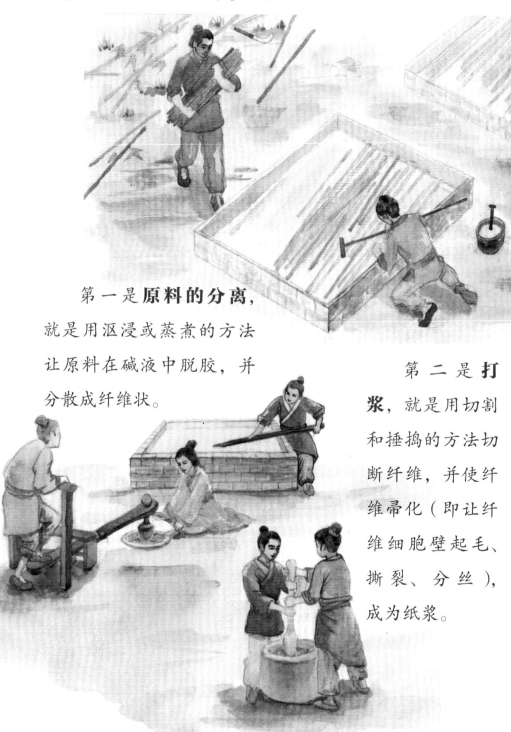

第一是**原料的分离**，就是用沤浸或蒸煮的方法让原料在碱液中脱胶，并分散成纤维状。

第二是**打浆**，就是用切割和捶捣的方法切断纤维，并使纤维帚化（即让纤维细胞壁起毛、撕裂、分丝），成为纸浆。

第三是**抄造**，就是把纸浆掺水制成浆液，然后用篾席捞浆，使纸浆在篾席上交织成薄片状的湿纸。

第四是**干燥**，是把湿纸晒干或烤干，揭下后就成了最后的纸张。

汉代以后，造纸的工艺继续改进。在原料方面，魏晋南北朝时已经开始利用**桑皮、藤皮**造纸。唐朝时，还出现了用竹子为原料制作的竹纸，竹子的纤维硬、脆、易断，技术处理比较困难，用竹子造纸的成功，表明中国古代的造纸技术已经相当成熟。

桑皮

藤皮

檀皮

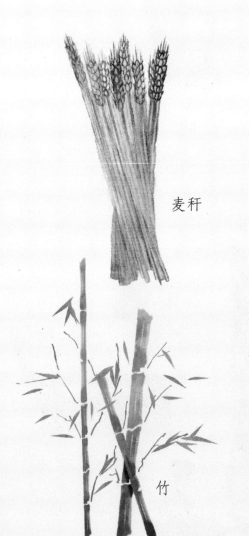

麦秆

竹

从唐代开始，纸张已成为人们日常生活的必需品。

书写材料大比拼

材料	便捷指数	实惠指数
甲骨	♥♥	♥
青铜器	♥	♥
草叶　树皮	♥♥♥	♥♥♥
简牍	♥♥♥	♥♥♥
帛　羊皮	♥♥♥♥♥	♥
纸张	♥♥♥♥♥	♥♥♥♥♥

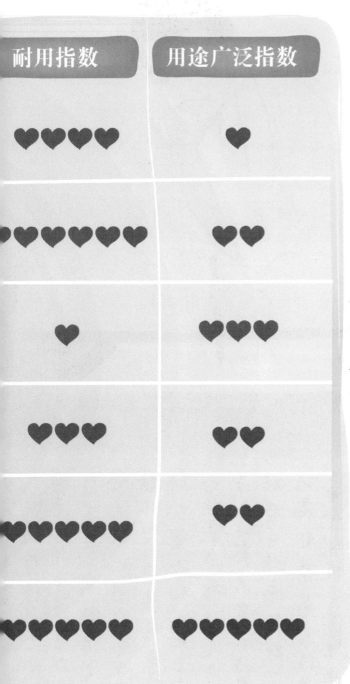

耐用指数	用途广泛指数		
❤❤❤❤	❤		
❤❤❤❤❤❤	❤❤		
❤	❤❤❤		
❤❤❤	❤❤		
❤❤❤❤❤	❤❤		
❤❤❤❤❤❤	❤❤❤❤❤		

可见，纸张成了文字最喜欢的家，一直到现在也是如此。

94

第六站　环游世界

纸的大量生产，以及后来印刷术的发明，使纸本、书籍成为传播文化最有力的工具。从此，文字和故事就"乘坐"纸张，开始了非常便捷的旅行，大大促进了科学知识的传播和文化艺术的交流。当然，也成就了那些名垂青史的书画家，留下了许多登峰造极的书画艺术作品。

王羲之《兰亭序》局部

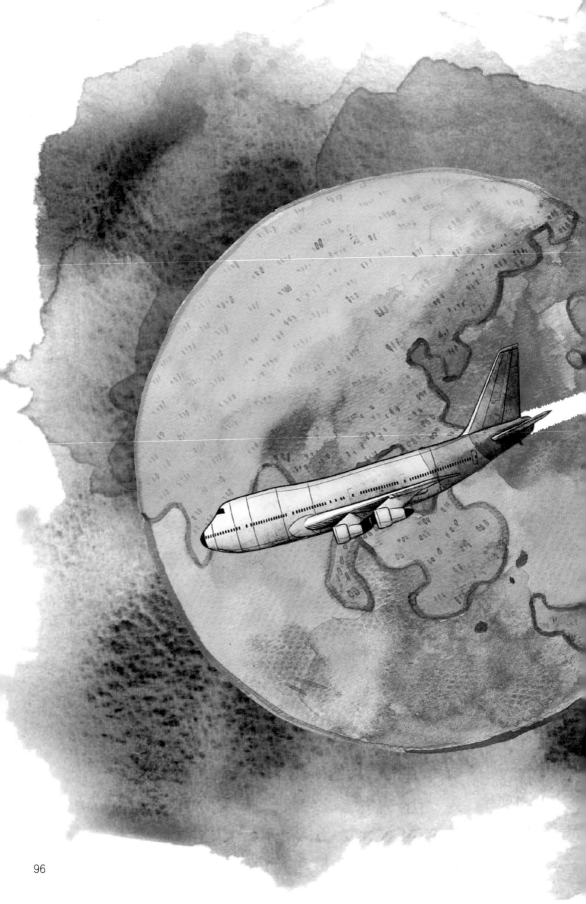

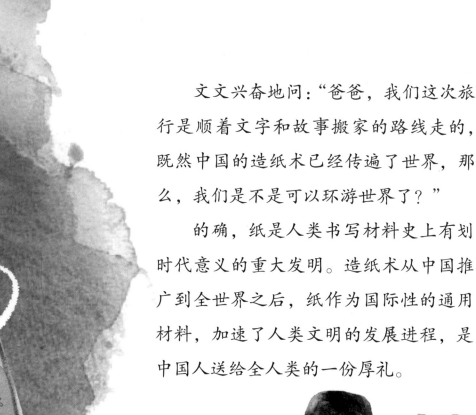

　　文文兴奋地问："爸爸，我们这次旅行是顺着文字和故事搬家的路线走的，既然中国的造纸术已经传遍了世界，那么，我们是不是可以环游世界了？"

　　的确，纸是人类书写材料史上有划时代意义的重大发明。造纸术从中国推广到全世界之后，纸作为国际性的通用材料，加速了人类文明的发展进程，是中国人送给全人类的一份厚礼。

小实验 大发明

实验材料：废报纸、搅拌机、电吹风、过滤网、清水、盆

实验步骤：

1.找一些废报纸，将其撕碎后倒入装有清水的搅拌机中打成纸浆。

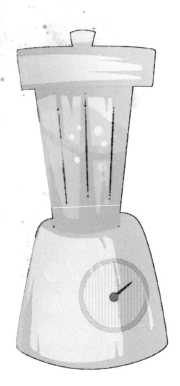

2.取半盆清水，将纸浆倒入水里，充分搅拌。

3.用过滤网将纸浆盛
起，使纸浆在纱布上形成
薄薄的、平平的一层。

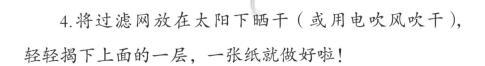

4.将过滤网放在太阳下晒干（或用电吹风吹干），
轻轻揭下上面的一层，一张纸就做好啦！

指南针

天上的勹，地上的勹

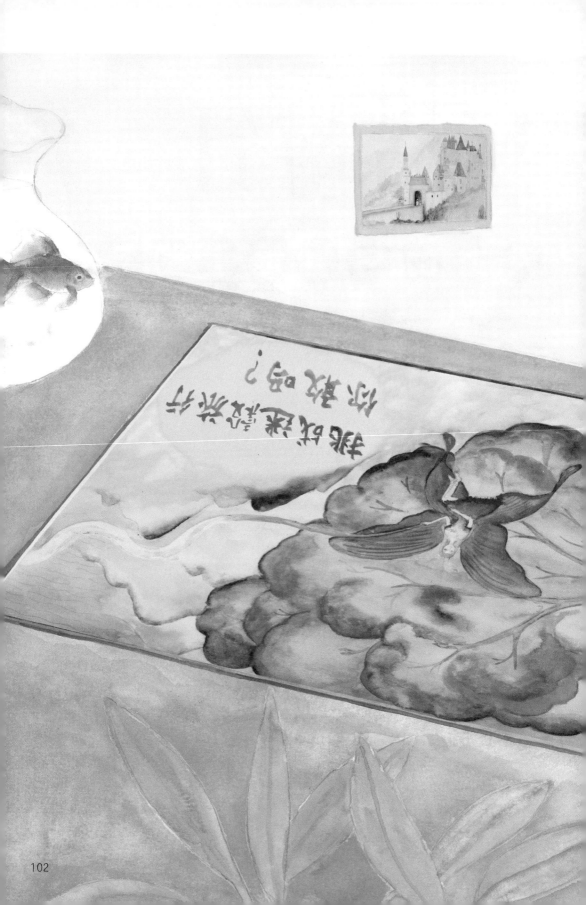

这一天，下班回来的爸爸带回了一张设计酷炫的宣传单：

迷毂挑战

离开现代导航设备，挑战迷毂旅行，你敢尝试吗？

爸爸和小明互相看了一下，决定勇敢接受挑战！

迷毅在海边，是一个神秘的冒险乐园，名字来源于《山海经》记载的一种奇特的树木。如果迷毅挑战胜利，可以获得一份惊喜大奖。不过，如果失败，他们将会付出巨大的代价：免费为迷毅工作一年。

　　到了报到处，尽管非常不情愿，爸爸还是不得不下了汽车，交出了手表、手机等一切可能导航的设备。和刚才的信心满满不同，爸爸和小明心里一下就没底了。在这个七弯八绕的神秘山谷里，如果没有导航设备，想完成挑战，一定非常困难，后半程的海上旅行就更不用说了。

　　正在这时，工作人员带来了一个好消息：为了鼓励他们的冒险精神，主办方决定送他们一件道具——一**枝迷穀花**。

　　迷穀花记载于《山海经》："有木焉，其状如穀而黑理，其华四照。其名曰迷穀，佩之不迷。"晋代郭璞在《山海经图赞·迷穀》中说："爰有奇树，产自招摇。厥华流光，上映垂霄。佩之不惑，潜有灵标。"就是说，迷穀花可以发光，还可以指示方向，所以人们将它随身携带，可防止迷路。

　　小明和爸爸喜出望外，带着这枝神秘的小花兴奋地出发了。迷榖花还真是神奇，不论怎么拐弯，花朵都会像向日葵一样转动，永远指着南边。

　　就这样，他们完成了第一关的挑战，来到了一座雄伟的大门前，上面写着：**兔子迷雾峡**。听工作人员讲过，这个峡谷就像它的名字一样，时不时就会泛起浓雾，让你无法辨识方向。不过，有手里的迷榖花，迷雾就不算什么了。

"爸爸，这里为什么叫兔子迷雾峡呢？难道这里有很多兔子吗？"

爸爸耸耸肩膀："管他呢，兔子又不是猛兽，不用害怕。"

话音刚落，他们就领教了兔子的厉害。一大群兔子突然蹿出来……

　　兔群过去后，爸爸和小明手上的东西都被吃光了，包括那枝非常重要的迷穀花。两个人目瞪口呆，不知道该说什么好。

　　更糟糕的是，迷雾越来越浓，白茫茫的一片，什么都看不清楚。

这样怎么也不能到达下一站——**出海口**。爸爸叹了口气，按下了求救按钮。

工作人员很快找到了他们。

爸爸急忙问："还有迷彀花可以提供吗？"

工作人员摇了摇头："没有，只能提供一次。"

"可是，可是我们的迷彀花被可恶的兔子吃了！"

"这很正常，100个挑战者中，99个人的迷彀花都会被峡谷的兔子吃掉。现在，你们有两个选择：在迷雾中自己摸索或者购买其他道具帮助你们完成任务。不过，你们只有一次购买道具的机会。"

于是，小明和爸爸决定购买道具。

　　交了钱，爸爸得到了一个神奇的道具：**指南车**。

　　古籍上说，黄帝与蚩尤在涿鹿展开大战，蚩尤神通广大，造出漫天浓雾，把黄帝和他的军队团团围住，让他们找不到突围的方向。正当黄帝愁眉不展的时候，有一个名叫"风后"的人制造出一辆指南车，帮助黄帝摆脱了困境，战胜了蚩尤。

　　后世有很多能工巧匠都尝试仿造这种指南车，并取得了成功。它没有使用任何磁石，全靠各种类似齿轮的结构联动，只要设定好了初始方向，轮子不离地，不管怎样旋转，所指的方向都不会改变。

爸爸和小明设定好目标后，就出发了。果然，不管怎么拐弯，小人儿的手都会自动调整，指向目标方向。根据指南车的指示，他们来到了挑战的第三关："**巨灵号**"。他们的任务就是向北航行，天亮前到达目的地。

在大海上辨认方向更加困难，因为没有东西可以作为参照物。漂泊在无边无际的大海上，爸爸和小明感觉自己就像到了世界的尽头。

但爸爸一副得意的表情："儿子，不用担心，有爸爸在，就能帮你找到北方。因为我们有一个超级导航仪。"爸爸指着天空："你找找，天上有一个巨大的勺子，只要能够找到它，就能找到北方。"

　　星空真美啊！在城市里，小明还没有见过这么多的星星，它们就像无数的宝石在闪烁，中间还有一条银河穿过，人似乎能听到星河流淌的声音。

　　"找到了。"小明兴奋地叫着。果然，他看到了**北斗七星**。

小熊座

北极星

北斗七星就是夜空中组成勺子形状的七颗星。将斗口的两颗星连线，朝斗口方向延长约5倍远，你就可以找到北极星。北极星永远在正北的方向。古代的人们很早就发现了这颗星，它成为夜里为大家指明方向的"灯塔"。

大熊座

摇光

开阳

玉衡

天权

天枢

天玑

天璇

文字出自《鹖（hè）冠子》

提示：右图为北半球居民朝北站立仰望星空时所看到的天象示意图，北在前，南在后，西在左，东在右。

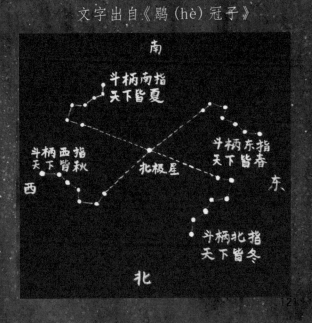

南

斗柄南指
天下皆夏

斗柄西指
天下皆秋

北极星

斗柄东指
天下皆春

西

东

斗柄北指
天下皆冬

北

121

有了北极星的指引，他们的"巨灵号"继续航行，十分顺利。直到风暴来临，船晃来晃去，他们又一次迷失方向。

等船平稳下来，谁也不知道船头所指到底是东是南，是西是北。天空布满了乌云，为人们指路的"勺子星座"也早已不知去向。

"要是船上也有一把和北斗七星一样能指示方向的'勺子'就好了。" 爸爸这时候无可奈何，看着天空，自言自语。

小明眼睛一转，想到了一个办法。他在一本科普杂志上读过一篇文章，说**中国古代，人们发明了一种会指示方向的勺子。对了，就叫司南**。既然天上的勺子没了，就让我们制造地上的勺子吧！

　　说干就干，爸爸按照小明的指挥，拆掉了船上的收音机，取出了一块磁石。他们决定打磨出一个磁石勺子，然后放在玻璃上，让它指示方向。

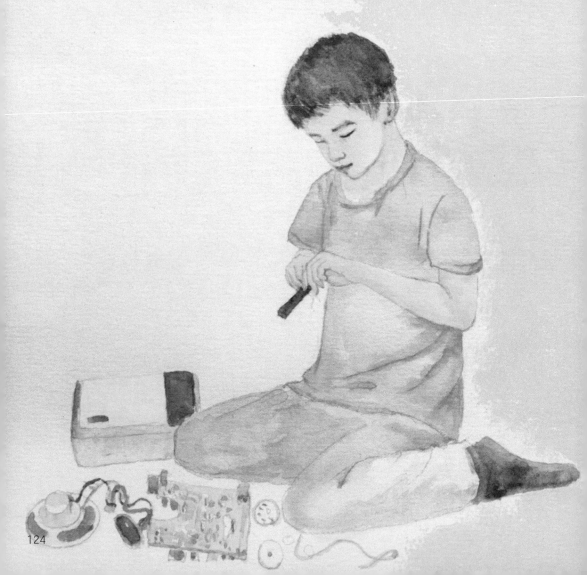

司南是我国古代人发明的用于辨别方向的一种仪器——将天然磁铁矿石琢成一个勺形的东西，放在一个光滑的盘子上，然后在盘子上刻着方位，利用磁铁指南的作用来辨别方向。

他们磨啊磨啊，就像远古时期人们钻木取火一样努力。慢慢地，磁石有了一点勺子的样子。爸爸赶紧找来一块玻璃，把勺子放上。

可是，转动了好几次，勺子每次停下来的位置都不同。到底哪一次才是准确的方向呢？这下，他们是真的"找不到北"了。试验宣告失败。

"我们没有好的工具，勺子不可能打磨得很光滑，这样指示的方向就不准了。"

　　"我们必须想新的办法，要不然天亮之前到不了郑和码头，我们就挑战失败了！"小明很着急。

　　听到"郑和"这个名字，爸爸突然不着急了，坚定地拍了拍儿子的肩膀："坐下来，我给你讲讲郑和的故事！"

　　郑和下西洋是发生在我国明朝的一场海上远航活动，从1405年到1433年，前后共计七次。郑和率领船队从南京出发，远航西太平洋和印度洋，拜访了30多个国家和地区，是中国古代规模最大、船只和海员最多、历时最久的海上航行。他们之所以能够完成这么伟大的航海壮举，离不开一件神奇的工具，那就是中国人发明的罗盘。

罗盘传到西方之后，也帮助欧洲的海洋国家取得了远航的成功，才出现了像哥伦布、达·伽马、麦哲伦这样的航海家。

　　听完了故事，小明觉得郑和真是太伟大了。可是，去哪儿找郑和的罗盘呢？

　　爸爸开心地笑着，从兜里拿出了一个针线盒。

　　"这是你妈妈给我的，她担心我们在挑战中被树枝刮破衣服，说带上它随时可以缝补。没想到派上大用场了，现在就让我们一起制造一个罗盘，也就是指南针。"

　　说着，爸爸取出三根钢针，把其中一根针垂直戳在硬纸板上，将另外两根针的针尖在磁石上按照一个方向磨了几下，然后平行别在一小块硬纸上，架在直立的钢针上——一根针当支架，两根针当指针，做成了一个奇怪的东西。

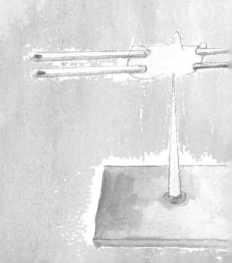

　　爸爸还说，除了这样支起来，也可以把针悬挂起来，或穿在泡沫塑料上之后放在平静的水面上。

　　小明明白了，原来这就是一个简易的指南针，伟大的古人也许就是这样制作了指南针，然后经过不断改良，才变成精密的罗盘，并传到西方，推动了人类进入大航海时代。

就这样，他们用自己制作的指南针，重新找到了方向。

天亮了，也放晴了，太阳升了起来。太阳的方向也证明他们自制的指南针是有效的，他们找对了方向。目的地就在眼前，一面巨大的旗子上写着四个大字：**郑和码头**。

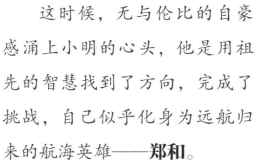

这时候，无与伦比的自豪感涌上小明的心头，他是用祖先的智慧找到了方向，完成了挑战，自己似乎化身为远航归来的航海英雄——**郑和**。

当然，除了这份自豪，等着小明和爸爸的，还有挑战成功的奖品……

小实验 大发明

实验材料：细线、缝衣针、磁铁、泡沫塑料、一碗水

实验步骤：

1.我们可以用一根线把磁铁悬挂起来，它静止时朝向南边的一侧就是磁南极。

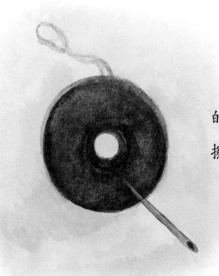

2.把缝衣针的针尖在磁铁的磁南极沿同一方向多次摩擦，使针尖这一端磁化。

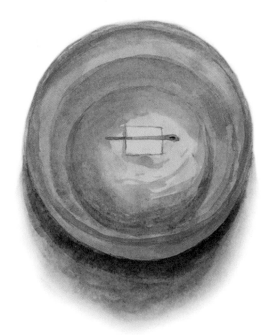

3. 把缝衣针小心地放在轻薄的泡沫塑料片的合适位置，确保它们漂在水上时比较平衡。这时，缝衣针会自动调节位置，被磁化过的针尖就会指向南方，指南针也就做好了。

提示：在实验过程中，请让磁铁和其他带有磁性的物体远离实验对象。

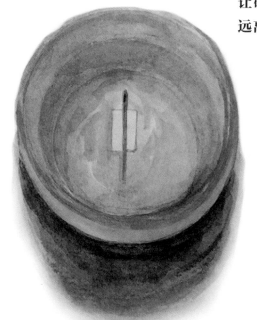